创意家居客厅造价与材料注释系列

理想·宅 编

顶面·地面

海峡出版发行集团
THE STRAITS PUBLISHING & DISTRIBUTING GROUP

福建科学技术出版社
FUJIAN SCIENCE & TECHNOLOGY PUBLISHING HOUSE

图书在版编目（CIP）数据

创意家居客厅造价与材料注释系列. 顶面·地面 /
理想·宅编. —福州 : 福建科学技术出版社, 2013.7
　ISBN 978-7-5335-4336-5

　Ⅰ.①创… Ⅱ.①理… Ⅲ.①住宅 – 顶棚 – 室内装修 – 工
程造价②住宅 – 顶棚 – 室内装修 – 装修材料③住宅 –
地板 – 室内装修 – 工程造价④住宅 – 地板 – 室内装修 – 装
修材料 Ⅳ.①TU723.3②TU56

中国版本图书馆CIP数据核字(2013)第170804号

书　　名　创意家居客厅造价与材料注释系列　顶面·地面
编　　者　理想·宅
出版发行　海峡出版发行集团
　　　　　福建科学技术出版社
社　　址　福州市东水路76号（邮编350001）
网　　址　www.fjstp.com
经　　销　福建新华发行（集团）有限责任公司
印　　刷　福州德安彩色印刷有限公司
开　　本　889毫米×1194毫米　1/24
印　　张　6
图　　文　144码
版　　次　2013年7月第1版
印　　次　2013年7月第1次印刷
书　　号　ISBN 978-7-5335-4336-5
定　　价　29.80元
　　　　书中如有印装质量问题，可直接向本社调换

对房子进行装修，目的就是为了让居住的空间具有温暖、舒适的氛围。人们用不同的材料、多变的风格和斑斓的色彩营造居住空间，意图在装修的过程中使人对冷硬的建筑产生归属感。在此推动下，装修已经成为购房之后必不可少的步骤。

不论何种户型和面积的房屋，都可以分为经济实用型、时尚舒适型和奢华型三种类型，这三种类型房屋的装修成功与否都取决于造价以及材料的应用，这两点也是大多数人最为关注的内容。除此之外，想要营造和谐的居室视觉效果，就要对空间有重点的突出和塑造，面面俱到的设计方式会让人感觉十分杂乱，恰当的留白才能让人回味无穷。但因房屋面积的限制，多数的中小户型业主选择客厅作为重点设计的空间，那么客厅空间如何选材、怎样控制造价就成为了首要解决的问题。

本丛书以着重解决客厅的装修问题为主，将造价与材料应用作为主要内容，以客厅中最受人们关注的细节设计进行分类，分为《电视背景墙》、《顶面·地面》、《沙发背景墙》以及《玄关·过道·阳台》四个分册。

顶面、地面是最容易被人们忽视的部分，恰当而又整体的顶、地面设计，可以使整体空间的视觉效果更为和谐，是必不可少的配角。本书以客厅空间的顶面和地面为主要内容，用最为直观的图文结合方式来进行讲解，并以实用型、舒适型和奢华型作为具体分类，加入了具有针对性的小知识，意图让没有任何装修经验的读者也能够读懂，使客厅的整体装饰效果更为完美。

希望本丛书能够成为准备装修或正在进行装修的读者的参考材料，为大家解决装修的困难，使家更美丽的同时心情也更愉悦。

编者

2013.7

目录 contents

第一部分 顶 面

　　一般情况下，有多大面积的地板，就会有多大面积的天花板，从面积上讲，它们两者的地位应该是相等的。但不得不承认，人们对天花板的重视程度远不如地板，顶面设计经常被人们忽视，或者不进行装饰，或者简单地进行设计，这样的设计往往会失去整体感。实际上，客厅装修的效果如何，很大一部分来自于顶面的造型设计。

　　顶面设计的效果取决于其造型和材质的选用，最常用到的顶面材料是石膏板，根据墙面的材质也可搭配玻璃、壁纸等以加强装饰效果。顶面设计的造价除了与所选用的材料有关外，造型也是关键因素，造型越复杂，工费就越高。

 解析 造价与材料

❶ 材料与造价：乳胶漆（525元）、石膏板造型（260元）总造价：785元　❷ 材料与造价：乳胶漆（435元）、石膏板造型（412元），总造价：847元　❸ 材料与造价：石膏板造型（2610元），乳胶漆（615元），总造价：3225元

解析 造价与材料

❶ 材料与造价：石膏板造型（385元）、乳胶漆（402元），总造价：787元 ❷ 材料与造价：石膏板造型（412元）、乳胶漆（452元），总造价：864元 ❸ 材料与造价：石膏板造型（545元）、乳胶漆（618元），总造价：1163元

解析
造价与材料

❶ 材料与造价：木线（720元）、石膏板造型（900元）、乳胶漆（325元），总造价：1945元 ❷ 材料与造价：石膏板造型（1450元）、乳胶漆（698元），总造价：2148元

❸ 材料与造价：石膏板造型（1125元）、乳胶漆（515元）、实木造型（1532元），总造价：3172元 ❹ 材料与造价：石膏板造型（850元）、乳胶漆（385元），总造价：1235元 ❺ 材料与造价：石膏板造型（445元）、乳胶漆（418元），总造价：863元

解析 造价与材料

① 材料与造价：石膏板造型（258元）、乳胶漆（395元），总造价：653元 **②** 材料与造价：石膏板造型（512元）、乳胶漆（585元），总造价：1097元 **③** 材料与造价：石膏板造型（422元）、乳胶漆（498元），总造价：920元 **④** 材料与造价：石膏板造型（1350元）、乳胶漆（625元）、烤漆玻璃（945元），总造价：2920元 **⑤** 材料与造价：石膏板造型（725元）、乳胶漆（670元）、石膏线（258元），总造价：1653元

解析
造价与材料

❶ 材料与造价：石膏板造型（958元）、乳胶漆（645元），总造价：1603元 ❷ 材料与造价：石膏板造型（550元）、乳胶漆（518元）、总造价：1068元 ❸ 材料与造价：石膏板造型（425元）、乳胶漆（515元），总造价：940元 ❹ 材料与造价：石膏板造型（618元）、乳胶漆（585元），总造价：1203元 ❺ 材料与造价：石膏板造型（510元）、乳胶漆（265元）、实木造型（1958元），总造价：2733元

解析 造价与材料

❶ 材料与造价：石膏板造型（615元）、乳胶漆（756元）、木线（550元），总造价：1921元　❷ 材料与造价：石膏板造型（920元）、乳胶漆（565元）、实木造型（345元），总造价：1830元　❸ 材料与造价：石膏板造型（685元）、乳胶漆（712元）、实木造型（645元），总造价：2042元　❹ 材料与造价：石膏板造型（512元）、乳胶漆（420元），总造价：932元

① 材料与造价: 石膏板造型 (310 元)、乳胶漆 (420 元)，总造价: 730 元
② 材料与造价: 石膏板造型 (758 元)、乳胶漆 (512 元)、烤漆玻璃 (410 元)，总造价: 1680 元 ③ 材料与造价: 石膏板造型 (298 元)、乳胶漆 (584 元)，总造价: 882 元 ④ 材料与造价: 石膏板造型 (724 元)、乳胶漆 (865 元)，总造价: 1589 元

tips:

顶面色彩与图案搭配不宜随意而为

不论哪种界面的装饰都必须与所处的大环境相协调，吊顶也不例外。不同户型的客厅对顶面设计的需求也不相同，面积大的房间不易产生压抑感，可以选择各种类型的造型搭配图案，但无论哪种造型，都是通过色彩的选择和变化来渲染气氛的。

人们往往认为图案和色彩可以表达个性，在顶面设计时随意使用色彩及图案造型，认为可塑造个性，其实不然。选择时千万不要任性而为，吊顶不容易更换，情绪化的选择是不明智的，宜选择简约而经典的造型及浅色系的图案类材质。

解析 造价与材料

❶ 材料与造价：石膏板造型（1150元）、乳胶漆（645元）、玻璃（360元），总造价：2155元 ❷ 材料与造价：石膏板造型（685元）、乳胶漆（510元），总造价：1195元 ❸ 材料与造价：壁纸（500元）、石膏板造型（1158元）、乳胶漆（550元），总造价：2208元

❶ 材料与造价：石膏板造型（1215元）、乳胶漆（695元）、夹板造型（668元），总造价：2578元　❷ 材料与造价：石膏板造型（525元）、乳胶漆（610元），总造价：1135元　❸ 材料与造价：石膏板造型（840元）、乳胶漆（565元）、实木造型（645元），总造价：2141元　❹ 材料与造价：石膏板造型（1350元）、乳胶漆（678元），总造价：2028元　❺ 材料与造价：石膏板造型（510元）、乳胶漆（735元），总造价：1245元

解析 造价与材料

❶ 材料与造价：石膏板造型（1358 元）、乳胶漆（850 元），总造价：2208 元 ❷ 材料与造价：石膏板造型（265 元）、乳胶漆（520 元），总造价：785 元 ❸ 材料与造价：乳胶漆（398 元）、石膏板造型（950 元），总造价：1348 元 ❹ 材料与造价：石膏板造型（850 元）、乳胶漆（775 元），总造价：1625 元 ❺ 材料与造价：烤漆玻璃（268 元）、石膏板造型（1450 元）、乳胶漆（1050 元），总造价：2768 元

解析
造价与材料

❶ 材料与造价：石膏板造型（985 元）、乳胶漆（435 元），总造价：1420 元 ❷ 材料与造价：石膏板造型（1680 元）、乳胶漆（998 元），总造价：2678 元 ❸ 材料与造价：实木造型（350 元）、石膏板造型（745 元）、乳胶漆（552 元），总造价：1647 元 ❹ 材料与造价：石膏板造型（512 元）、乳胶漆（645 元）、木线（585 元），总造价：1742 元 ❺ 材料与造价：乳胶漆（415 元）、石膏板造型（612 元），总造价：1027 元

解析
造价与材料

❶ 材料与造价：乳胶漆（890 元）、石膏板造型（2250 元）、石膏线（645 元），总造价：3785 元 ❷ 材料与造价：乳胶漆（542 元）、石膏板造型（785 元），总造价：1327 元 ❸ 材料与造价：樱桃木饰面板（350 元）、夹板造型（1120 元）、乳胶漆（385 元），总造价：1855 元 ❹ 材料与造价：石膏板造型（525 元）、乳胶漆（410 元），总造价：935 元

解析
造价与材料

❶ 材料与造价：乳胶漆（658元）、石膏板造型（1980元），总造价：2638元

❷ 材料与造价：石膏板造型（1450元）、乳胶漆（1130元），总造价：2580元

❸ 材料与造价：乳胶漆（850元）、石膏板造型（1050元）、石膏线造型（735元），总造价：2635元

❹ 材料与造价：饰面板（198元）、乳胶漆（515元）、石膏板造型（1985元），总造价：2698元

tips:

顶面材料混搭怎样选择

　　家居客厅常用的吊顶材料主要有纸面石膏板、木板（人造板）、塑料、玻璃、金属等，少数个性设计可以用到地板、饰面板等。

　　大客厅中为了追求效果、增强气势，会选择两到三种材质进行混搭。顶面材料的混搭，宜与墙面的风格进行配合。例如现代风格可搭配玻璃、集成石膏板以及彩色乳胶漆、金属板或金属条等，中式风格搭配雕花木质造型或者木线，欧式风格可以搭配壁纸、集成石膏造型等。小客厅经常会出现顶面与墙面一体式的设计形式，此时顶面采用与墙面相同的材质混搭更具气势。

解析 造价与材料

❶ 材料与造价：乳胶漆（560 元）、石膏板造型（1580 元）、烤漆玻璃（455 元），总造价：2595 元　❷ 材料与造价：乳胶漆（685 元）、石膏板造型（1150 元）、水银镜（300 元），总造价：2135 元　❸ 材料与造价：乳胶漆（645 元）、石膏板造型（210 元），总造价：855 元

解析 造价与材料

❶ 材料与造价：乳胶漆（698 元）、石膏板造型（1358 元），总造价：2056 元 ❷ 材料与造价：乳胶漆（856 元）、石膏板造型（1125 元）、实木造型（1500 元），总造价：3481 元 ❸ 材料与造价：乳胶漆（1015 元）、石膏板造型（1458 元）、石膏线造型（450 元），总造价：2923 元 ❹ 材料与造价：乳胶漆（325 元）、石膏板造型（410 元），总造价：735 元 ❺ 材料与造价：乳胶漆（658 元）、石膏板造型（1980 元），总造价：2638 元

解析
造价与材料

1 材料与造价：乳胶漆（565 元）、石膏板造型（2652 元），总造价：3217 元 **2** 材料与造价：乳胶漆（515 元）、石膏板造型（945 元）、石膏线造型（850 元），总造价：2310 元 **3** 材料与造价：石膏板造型（256 元）、乳胶漆（485 元）、烤漆玻璃（310 元），总造价：1051 元 **4** 材料与造价：乳胶漆（325 元）、石膏板造型（658 元），总造价：983 元 **5** 材料与造价：乳胶漆（854 元）、石膏板造型（65元）、木质造型（370 元），总造价：1882 元

解析
造价与材料

❶ 材料与造价：乳胶漆（898元）、石膏板造型（1950元）、石膏线造型（650元），总造价：3498元 ❷ 材料与造价：乳胶漆（625元）、石膏板造型（750元）、石膏线造型（1150元），总造价：2525元 ❸ 材料与造价：乳胶漆（650元）、石膏板造型（785元）、石膏线造型（998元），总造价：2433元 ❹ 材料与造价：乳胶漆（989元）、石膏板造型（2420元），总造价：3409元 ❺ 材料与造价：乳胶漆（758元）、石膏板造型（1085元），总造价：1843元

解析
造价与材料

❶ 材料与造价: 乳胶漆 (798 元)、石膏板造型 (1125 元), 总造价: 1923 元 ❷ 材料与造价: 乳胶漆 (658 元)、石膏板造型 (1120 元), 总造价: 1778 元 ❸ 材料与造价: 乳胶漆 (58元)、石膏板造型 (1235 元), 总造价: 182 元 ❹ 材料与造价: 乳胶漆 (848 元)、石膏板造型 (2278 元), 总造价: 3126 元

解析 造价与材料

① 材料与造价：乳胶漆（540元）、石膏板造型（1120元）、烤漆玻璃（890元）、实木装饰（990元），总造价：3540元 **②** 材料与造价：乳胶漆（610元）、石膏板造型（945元），总造价：1555元 **③** 材料与造价：乳胶漆（890元）、石膏板造型（1850元），总造价：2740元 **④** 材料与造价：乳胶漆（745元）、石膏板造型（985元）、彩色手绘（500元），总造价：2230元

　　石膏板吊顶是目前客厅装修中使用较多的一种，施工步骤如下：根据设计图纸的方案，确定标高，弹水平线，然后打龙骨，龙骨一般采用白松，若想结实一些可以采用红松或樟子松，龙骨的好坏决定了吊顶的品质，等级高的与低的价格差很多，如果外包需要注意龙骨的质量，一般建议采用30毫米×50毫米左右的规格，支架的稳定性更有保障。

　　支架打好后，就可以进行安装面板。如果顶面面积较大，在固定的时候，必须每间隔一定的距离安装一根吊杆。如果工人施工时不按照规范进行，不用多久就会出现顶面变成"弧形"，发生裂缝。

解析
造价与材料

❶ 材料与造价：乳胶漆（750元）、石膏板造型（980元），总造价：1730元　❷ 材料与造价：乳胶漆（1210元）、石膏板造型（2650元）总造价：3860元　❸ 材料与造价：饰面板（1125元）、实木梁（2150元），总造价：3275元

解析
造价与材料

❶ 材料与造价：乳胶漆（785元）、石膏板造型（1050元）、木线（450元），总造价：2285元 ❷ 材料与造价：乳胶漆（785元）、石膏板造型（650元）、实木造型（1250元），总造价：2685元 ❸ 材料与造价：乳胶漆（420元），总造价：420元 ❹ 材料与造价：乳胶漆（910元）、石膏板造型（2358元），总造价：3268元 ❺ 材料与造价：乳胶漆（950元）、石膏板造型（1380元），总造价：3330元

解析 造价与材料

1 材料与造价：乳胶漆（458元）、石膏板造型（980元），总造价：1438元 **2** 材料与造价：乳胶漆（510元）、石膏板造型（758元）、木线造型（610元），总造价：1878元 **3** 材料与造价：乳胶漆（985元）、石膏板造型（3150元）、木线造型（1250元），总造价：538元 **4** 材料与造价：石膏板造型（1980元）、乳胶漆（210元）、实木造型（1550元），总造价：3740元 **5** 材料与造价：烤漆玻璃（450元）、乳胶漆（325元）、石膏板造型（1550元），总造价：2325元

解析
造价与材料

❶ 材料与造价：壁纸（1250 元）、石膏板造型（1880 元）、石材（1364 元）、实木造型（1220 元），总造价：5714 元　❷ 材料与造价：乳胶漆（985 元）、石膏板造型（2180 元），总造价：3165 元　❸ 材料与造价：乳胶漆（525 元）、石膏板造型（1180 元）、木线（650 元）总造价：2355 元　❹ 材料与造价：乳胶漆（450 元）、石膏板造型（358 元），总造价：808 元　❺ 材料与造价：乳胶漆（358 元）、石膏板造型（1260 元）、木线（1380 元），总造价：2998 元

解析 造价与材料

❶ 材料与造价：乳胶漆（525元）、石膏板造型（845元）、石膏线造型（1052元），总造价：2422元 ❷ 材料与造价：乳胶漆（750元）、石膏板造型（3150元），总造价：3900元 ❸ 材料与造价：乳胶漆（898元）、石膏板造型（1150元）、石膏线造型（1087元），总造价：3135元 ❹ 材料与造价：乳胶漆（452元）、石膏板造型（625元），总造价：1077元

解析 造价与材料

① 材料与造价：乳胶漆（765元）、石膏板造型（2150元）、石膏线造型（420元），总造价：3335元 **②** 材料与造价：乳胶漆（845元）、石膏板造型（3258元），总造价：4103元 **③** 材料与造价：乳胶漆（958元）、石膏板造型（3298元），总造价：4256元 **④** 材料与造价：乳胶漆（798元）、石膏板造型（1250元）、水银镜（410元），总造价：2458元

tips:

客厅顶面设计的技巧 1

周边式吊顶。如果客厅的高度不高，可在客厅的四周边做吊顶，中间装配上新颖的吸顶灯。这种吊顶可用木材夹板成型，设计成各种形状，再配以射灯或筒灯，这样做吊顶的目的是在视觉上增加客厅空间的层高。大面积的客厅比较适合做这类的吊顶。小面积的客厅可以仅在中间部分做一块吊顶，搭配灯具，效果就很出色。

用便宜的石膏做造型。根据自己的喜好用石膏做成各种各样的几何图案，或者雕刻出各式花鸟虫鱼的图案，用于装饰吊顶的四周，它不仅施工简单而且价格便宜。但要注意应与房间的装饰风格一致，以便达到不错的整体效果。

解析 造价与材料

❶ 材料与造价：乳胶漆（735元）、石膏板造型（1350元），总造价：2085元　❷ 材料与造价：乳胶漆（885元）、石膏板造型（750元）、石膏线造型（550元），总造价：2185元　❸ 材料与造价：乳胶漆（725元）、石膏板造型（2980元），总造价：3705元

解析 造价与材料

❶ 材料与造价：乳胶漆（415元）、石膏板造型（598元），总造价：1013元 ❷ 材料与造价：乳胶漆（645元）、石膏板造型（2580元）、壁纸（210元），总造价：3435元

❸ 材料与造价：石膏板造型（2852元）、乳胶漆（456元），总造价：3308元 ❹ 材料与造价：乳胶漆（425元）、石膏板造型（1985元）、石膏线造型（770元），总造价：3180元 ❺ 材料与造价：乳胶漆（425元）、石膏板造型（2620元）、木线（950元），总造价：3995元

解析 造价与材料

❶ 材料与造价：乳胶漆（658元），总造价：658元 ❷ 材料与造价：乳胶漆（625元）、石膏板造型（450元）、壁纸（325元），总造价：1400元 ❸ 材料与造价：乳胶漆（1100元）、石膏板造型（4250元）、集成石膏造型（1260元），总造价：6610元 ❹ 材料与造价：石膏板造型（560元）、乳胶漆（425元），总造价：985元 ❺ 材料与造价：乳胶漆（325元）、石膏板造型（460元），总造价：785元

❶ 材料与造价：乳胶漆（895元）、石膏板造型（2650元），总造价：3545元 ❷ 材料与造价：乳胶漆（556元）、石膏板造型（780元）、实木造型（440元），总造价：1776元 ❸ 材料与造价：乳胶漆（1060元）、石膏板造型（985元）、石膏线造型（1120元），总造价：3165元 ❹ 材料与造价：烤漆玻璃（540元）、石膏板造型（320元），总造价：860元 ❺ 材料与造价：乳胶漆（725元）、石膏板造型（1650元），总造价：2375元

解析
造价与材料

解析
造价与材料

❶ 材料与造价：乳胶漆（552元）、石膏板造型（560元）、石膏线造型（450元），总造价：1562元 ❷ 材料与造价：乳胶漆（585元）、石膏板造型（612元），总造价：1197元 ❸ 材料与造价：石膏板造型（1358元）、烤漆玻璃（320元）、乳胶漆（645元），总造价：2323元 ❹ 材料与造价：乳胶漆（615元）、石膏板造型（1158元），总造价：1773元

解析
造价与材料

1 材料与造价：乳胶漆（752元）、石膏板造型（1125元），总造价：1877元 **2** 材料与造价：乳胶漆（850元）、石膏板造型（895元）、石膏线造型（1250元）、金属线（1358元），总造价：4353元 **3** 材料与造价：乳胶漆（685元）、石膏板造型（1125元），总造价：1810元 **4** 材料与造价：乳胶漆（678元）、石膏板造型（2520元），总造价：3198元

tips:

客厅顶面设计的技巧 2

凸显层次感。将客厅四周的吊顶做厚，而中间部分做薄，可以形成两个明显的层次，比较适合有一定高度的客厅。此种造型要特别注意四周的造型设计，在设计时可以根据自己的喜好设计成仿欧或是复古的风格。

精致感的塑造。若是客厅是中空客厅，在做吊顶时，就有了很大的空间余地可以利用。可以选择如夹板造型吊顶、玻璃纤维板吊顶、石膏吸音吊顶等多种形式，这些吊顶不仅造型上相当美观，而且又有减少噪音的功能，是比较理想的选择。

解析 造价与材料

① 材料与造价：乳胶漆（850元）、石膏板造型（980元）、石膏线造型（500元），总造价：2330元 **②** 材料与造价：乳胶漆（750元）、石膏板造型（790元）、石膏线造型（859元），总造价：2399元 **③** 材料与造价：乳胶漆（832元）、石膏板造型（3250元），总造价：4082元

解析
造价与材料

❶ 材料与造价：乳胶漆（895 元）、石膏板造型（2358 元），总造价：3253 元 ❷ 材料与造价：马赛克（650 元）、乳胶漆（980 元）、石膏板造型（3185 元），总造价：4815 元

❸ 材料与造价：乳胶漆（420 元）、石膏板造型（658 元），总造价：1078 元 ❹ 材料与造价：乳胶漆（860 元）、石膏板造型（625 元），总造价：1485 元 ❺ 材料与造价：乳胶漆（840 元）、石膏板造型（2100 元），总造价：2940 元

解析
造价与材料

❶ 材料与造价：乳胶漆（758元）、石膏板造型（2850元），总造价：3608元 ❷ 材料与造价：乳胶漆（536元）、石膏板造型（1358元），总造价：1894元 ❸ 材料与造价：乳胶漆（756元）、石膏板造型（895元）、石膏线（450元），总造价：2101元 ❹ 材料与造价：乳胶漆（568元）、石膏板造型（445元），总造价：1013元 ❺ 材料与造价：乳胶漆（550元）、石膏板造型（645元），总造价：1195元

解析 造价与材料

❶ 材料与造价：乳胶漆（687元）、石膏板造型（2758元），总造价：3445元　❷ 材料与造价：乳胶漆（698元）、石膏板造型（725元），总造价：1423元　❸ 材料与造价：乳胶漆（725元）、石膏板造型（3150元），总造价：3875元　❹ 材料与造价：乳胶漆（698元）、石膏板造型（1120元），总造价：1818元　❺ 材料与造价：乳胶漆（385元）、石膏板造型（545元），总造价：930元

解析
造价与材料

❶ 材料与造价：乳胶漆（510元）、石膏板造型（2950元）、实木造型（1250元），总造价：4710元 ❷ 材料与造价：乳胶漆（635元）、石膏板造型（898元）、石膏线造型（450元），总造价：1983元 ❸ 材料与造价：乳胶漆（598元）、实木造型（1580元）、石膏板造型（1125元），总造价：3303元 ❹ 材料与造价：乳胶漆（495元）、石膏板造型（625元），总造价：1120元

解析
造价与材料

❶ 材料与造价：乳胶漆（556元）、石膏板造型（1160元），总造价：1716元 ❷ 材料与造价：乳胶漆（950元）、石膏板造型（2580元）、石膏线造型（1120元），总造价：4650元 ❸ 材料与造价：乳胶漆（652元）、石膏板造型（3150元），总造价：3802元 ❹ 材料与造价：乳胶漆（548元）、石膏板造型（625元），总造价：1173元

tips:

不同造型吊顶的效果 1

即使在同一客厅空间中，不同造型的顶面塑造的装饰效果是不同的。

直线造型在客厅空间给人以简洁、明快的感觉。

圆形吊顶造型围合感很强，在客厅里出现会让人感受到很强的凝聚力。

曲线形的天花在客厅里出现，会给客厅增加一种动感，让方正的客厅没有那么闷，整个空间会因为有了这个曲线的顶面造型，不仅增添了动感，还会兼具活泼感。

镜面天花，一般会出现在层高较低的客厅空间里，镜面的出现让相对较矮的客厅在视觉上变大。

解析 造价与材料

❶ 材料与造价：乳胶漆（985元）、石膏板造型（1250元），总造价：2235元　❷ 材料与造价：乳胶漆（854元）、石膏板造型（889元）、金属线（1125元）、石膏线（485元），总造价：3353元　❸ 材料与造价：烤漆玻璃（515元）、乳胶漆（798元）、石膏板造型（1058元）、总造价：2371元

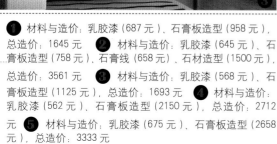

解析 造价与材料

❶ 材料与造价：乳胶漆（687元）、石膏板造型（958元），总造价：1645元 ❷ 材料与造价：乳胶漆（645元）、石膏板造型（758元）、石膏线（658元）、石材造型（1500元），总造价：3561元 ❸ 材料与造价：乳胶漆（568元）、石膏板造型（1125元），总造价：1693元 ❹ 材料与造价：乳胶漆（562元）、石膏板造型（2150元），总造价：2712元 ❺ 材料与造价：乳胶漆（675元）、石膏板造型（2658元），总造价：3333元

解析 造价与材料

❶ 材料与造价：乳胶漆 (856 元)、石膏板造型 (1650 元)，总造价：2506 元 ❷ 材料与造价：乳胶漆 (598 元)、石膏板造型 (858 元)，总造价：1456 元 ❸ 材料与造价：乳胶漆 (785 元)、石膏板造型 (1358 元)，总造价：2143 元 ❹ 材料与造价：乳胶漆 (780 元)、石膏板造型 (1120 元)，总造价：1900 元 ❺ 材料与造价：乳胶漆 (550 元)、石膏板造型 (640 元)，总造价：1190 元

解析 造价与材料

❶ 材料与造价：乳胶漆（425元）、石膏板造型（634元），总造价：1059元　❷ 材料与造价：乳胶漆（758元）、石膏板造型（760元）、木线造型（1120元），总造价：2638元　❸ 材料与造价：乳胶漆（485元）、石膏板造型（598元），总造价：1083元　❹ 材料与造价：乳胶漆（635元）、石膏板造型（2258元），总造价：2893元　❺ 材料与造价：乳胶漆（645元）、石膏板造型（1980元），总造价：2625元

解析 造价与材料

❶ 材料与造价：乳胶漆（785 元）、石膏板造型（2250 元），总造价：3035 元 ❷ 材料与造价：乳胶漆（1125 元）、石膏板造型（2980 元）、实木造型（1100 元），总造价：5205 元 ❸ 材料与造价：乳胶漆（615 元）、石膏板造型（2650 元），总造价：3265 元 ❹ 材料与造价：乳胶漆（725 元）、石膏板造型（2250 元），总造价：2975 元

解析 造价与材料

❶ 材料与造价：乳胶漆（568元）、实木造型（1285元），总造价：1853元 ❷ 材料与造价：乳胶漆（625元）、石膏板造型（1158元），总造价：1783元 ❸ 材料与造价：乳胶漆（2650元）、石膏板造型（1085元），总造价：3735元 ❹ 材料与造价：乳胶漆（1100元）、石膏板造型（3268元），总造价：4368元

tips:

不同造型吊顶的效果 2

复合型天花，造型在两层以上或者顶面加入其他装饰造型的，都属于复合型天花，这样的顶面造型层次感强，让本本白色的天花多了更多的可看性，具有更美观的装饰效果。但是低矮的客厅不宜采用。

结合型天花。很多客厅由于原建筑结构不佳，房屋中间有很多的梁，在进行顶面设计时就需要用天花造型去结合原有的梁，让这些梁融入到顶面造型中，掩盖其突兀感，使其成为个性的装饰。这样做既能装饰客厅，也能将原空间中的弊端处理掉。

①

②

③

 解析 造价与材料

① 材料与造价：乳胶漆 (689 元)、石膏板造型 (948 元)、石膏线造型 (450 元)，总造价：2087 元 ② 材料与造价：乳胶漆 (578 元)、石膏板造型 (1950 元)，总造价：2528 元 ③ 材料与造价：乳胶漆 (365 元)、石膏板造型 (1350 元)，总造价：1715 元

解析
造价与材料

❶ 材料与造价：乳胶漆（725元）、石膏板造型（2950元）、实木造型（1900元），总造价：5575元　❷ 材料与造价：乳胶漆（625元）、石膏板造型（850元），总造价：1475元

❸ 材料与造价：乳胶漆（564元）、石膏板造型（635元），总造价：1199元　❹ 材料与造价：乳胶漆（825元）、石膏板造型（2350元）、烤漆玻璃（650元），总造价：3825元

❺ 材料与造价：乳胶漆（568元）、石膏板造型（978元）、石膏线造型（320元），总造价：1866元

解析 造价与材料

❶ 材料与造价：乳胶漆（605元）、石膏板造型（325元），总造价：930元 ❷ 材料与造价：乳胶漆（453元）、石膏板造型（230元），总造价：683元 ❸ 材料与造价：乳胶漆（845元）、石膏板造型（798元）、石膏线造型（1260元）、印花水银镜（800元），总造价：3703元 ❹ 材料与造价：乳胶漆（720元）、石膏板造型（998元）、石膏线造型（1120元），总造价：2838元 ❺ 材料与造价：乳胶漆（520元）、石膏板造型（1350元）、烤漆玻璃（950元）、不锈钢条（900元），总造价：3720元

解析
造价与材料

1 材料与造价：乳胶漆（698元）、石膏板造型（680元）、木线（420元），总造价：1798元　**2** 材料与造价：乳胶漆（850元）、石膏板造型（2980元），总造价：3830元　**3** 材料与造价：乳胶漆（980元）、石膏板造型（2650元）、烤漆玻璃（520元），总造价：4150元　**4** 材料与造价：乳胶漆（450元）、石膏板造型（610元）、集成石膏板（1200元）、石膏线（560元），总造价：2820元　**5** 材料与造价：乳胶漆（510元）、石膏板造型（890元），总造价：1400元

解析 造价与材料

❶ 材料与造价：乳胶漆（950元）、石膏板造型（2250元）、石膏线（420元），总造价：3620元 ❷ 材料与造价：乳胶漆（725元）、石膏板造型（1850元）、实木造型（1500元），总造价：4075元 ❸ 材料与造价：乳胶漆（425元）、石膏板造型（350元），总造价：775元 ❹ 材料与造价：乳胶漆（1050元）、石膏板造型（2120元）、实木梁（980元），总造价：4150元

解析 造价与材料

① 材料与造价：乳胶漆（598元）、石膏板造型（1850元），总造价：2448元 ② 材料与造价：乳胶漆（480元）、石膏板造型（1530元），总造价：2010元 ③ 材料与造价：乳胶漆（1150元）、石膏板造型（1620元）、石膏线（1060元），总造价：3830元 ④ 材料与造价：乳胶漆（1120元）、石膏板造型（2652元）、石膏线造型（1200元），总造价：4972元

tips:

挑高型客厅的顶面设计

现在出现了很多面积比较小的跃层空间，客厅的顶面是挑高的，层高甚至是普通住宅的两倍多，于是很多业主考虑是否将客厅顶面进行隔断。建议不要完全式地隔断，可以采用局部隔断的方式增加空间面积，以增加客厅的层次感。

如果客厅不做隔断，会让人觉得特别空旷，可以选择一些欧式的多层次的大吊灯，来弥补空间上的空旷感。另外还可以在顶上做一些圆形的艺术吊顶，或者是用石膏雕刻一些简单造型，或者一些色彩搭配，将顶面做得更有层次感。切记不要做成天井模样，挑高客厅不适合做天井。

解析
造价与材料

① 材料与造价：乳胶漆（3150元）、石膏板造型（998元），总造价：4148元　② 材料与造价：乳胶漆（625元）、石膏板造型（850元）、实木造型（1980元），总造价：3455元　③ 材料与造价：乳胶漆（320元）、石膏板造型（480元）、实木造型（1600元），总造价：2400元

 解析
造价与材料

❶ 材料与造价：乳胶漆（645 元）、石膏板造型（2250 元）、实木造型（1350 元），总造价：4245 元　❷ 材料与造价：乳胶漆（854 元）、石膏板造型（1985 元）、石膏线（600 元），总造价：3439 元　❸ 材料与造价：乳胶漆（690 元）、石膏板造型（1120 元），总造价：1810 元　❹ 材料与造价：乳胶漆（725 元）、石膏板造型（845 元）、石膏线造型（1185 元），总造价：2755 元　❺ 材料与造价：乳胶漆（850 元）、石膏板造型（1150 元），总造价：2000 元

解析 造价与材料

❶ 材料与造价：乳胶漆（1075元）、石膏板造型（4210元），总造价：5285元 ❷ 材料与造价：乳胶漆（780元）、石膏板造型（980元）、水银镜（1100元）、石膏线造型（1280元），总造价：4140元 ❸ 材料与造价：乳胶漆（895元）、石膏板造型（2650元），总造价：3545元 ❹ 材料与造价：乳胶漆（395元）、彩色手绘（210元），总造价：605元 ❺ 材料与造价：乳胶漆（845元）、石膏板造型（750元），总造价：1595元

解析
造价与材料

❶ 材料与造价：乳胶漆（685元）、石膏板造型（850元），总造价：1535元 ❷ 材料与造价：乳胶漆（895元）、石膏板造型（725元）、石膏线（750元），总造价：2370元 ❸ 材料与造价：乳胶漆（1050元）、石膏板造型（785元）、石膏线造型（650元），总造价：2485元 ❹ 材料与造价：乳胶漆（880元）、石膏线造型（650元）、集成石膏造型（1258元），总造价：2788元 ❺ 材料与造价：乳胶漆（678元）、石膏板造型（998元），总造价：1676元

解析
造价与材料

❶ 材料与造价：乳胶漆（1150元）、石膏板造型（2980元），总造价：4130元 ❷ 材料与造价：乳胶漆（856元）、石膏板造型（1250元），总造价：2106元 ❸ 材料与造价：乳胶漆（1150元）、石膏板造型（3560元）、石膏线（1050元），总造价：5760元 ❹ 材料与造价：乳胶漆（750元）、石膏板造型（540元），总造价：1290元

解析
造价与材料

❶ 材料与造价：乳胶漆（780元）、石膏板造型（3250元），总造价：4030元 ❷ 材料与造价：乳胶漆（850元）、石膏板造型（1120元）、石膏线造型（1350元），总造价：3320元 ❸ 材料与造价：乳胶漆（950元）、石膏板造型（625元）、集成石膏造型（1550元），总造价：3125元 ❹ 材料与造价：乳胶漆（890元）、石膏板造型（1160元）、烤漆玻璃（425元），总造价：2475元

tips:

顶面壁纸的选择

　　壁纸不仅仅可以用在墙面上，顶面使用壁纸更能彰显品位和个性。顶面壁纸的花色建议根据室内的风格和客厅面积的大小来进行具体的搭配。

　　不论何种户型的客厅，顶面壁纸都不宜选择花色过于突出和重色调的款式，否则会让人感到压抑，且过于吸引人的视线，会破坏整体的协调感。现代风格的客厅，顶面可以选择浅色金属系的壁纸，如银色拉丝壁纸等。欧式或中式风格的客厅，除了上述选择，还可搭配暖色系的暗纹壁纸，仿古风格中壁纸的纹路宜以大花的款式为主，亦或没有明显花纹的款式，尽量避免选择零碎的小花。

解析
造价与材料

1 材料与造价：乳胶漆（725元）、石膏板造型（850元）、石膏线（620元）、壁纸（350元）、木线（320元），总造价：2865元

2 材料与造价：乳胶漆（1065元）、石膏板造型（1850元）、石膏线（465元）、壁纸（850元），总造价：4230元　　**3** 材料与造价：乳胶漆（450元）、石膏板造型（125元）、壁纸（80元），总造价：655元

 解析 造价与材料

❶ 材料与造价：乳胶漆（725元）、石膏板造型（1150元）、壁纸（380元）、石膏线（220元），总造价：2475元 ❷ 材料与造价：乳胶漆（450元）、石膏板造型（850元）、壁纸（550元）、石膏线（432元），总造价：2282元 ❸ 材料与造价：乳胶漆（850元）、石膏板造型（2158元）、壁纸（280元）、木线（1250元），总造价：4538元 ❹ 材料与造价：乳胶漆（890元）、石膏板造型（1850元）、壁纸（650元）、石膏线（280元），总造价：3670元 ❺ 材料与造价：乳胶漆（560元）、石膏板造型（1120元）、石膏线（850元）、壁纸（540元），总造价：3070元

解析 造价与材料

❶ 材料与造价：乳胶漆（695元）、石膏板造型（1158元）、壁纸（350元）、石膏线（260元），总造价：2463元 ❷ 材料与造价：乳胶漆（84□元）、石膏板造型（1050元）、壁纸（320元）、石膏线（650元），总造价：2860元 ❸ 材料与造价：乳胶漆（1125元）、石膏板造型（315□元）、石膏线（320元）、壁纸（500元），总造价：5095元 ❹ 材料与造价：乳胶漆（950元）、石膏板造型（865元）、壁纸（450元），总造价：2265元 ❺ 材料与造价：乳胶漆（1080元）、石膏板造型（1850元）、石膏线（520元）、壁纸（458元），总造价：3908元

解析
造价与材料

❶ 材料与造价：乳胶漆（520元）、石膏板造型（3250元）、壁纸（1120元）、石膏线（310元），总造价：5200元 ❷ 材料与造价：乳胶漆（725元）、石膏板造型（850元）、壁纸（425元）、石膏线（980元），总造价：2980元 ❸ 材料与造价：乳胶漆（758元）、石膏板造型（1125元）、壁纸（650元）、石膏线（450元），总造价：2983元 ❹ 材料与造价：乳胶漆（645元）、石膏板造型（2950元）、壁纸（950元）、石膏线（1120元），总造价：5665元 ❺ 材料与造价：壁纸（350元）、石膏板造型（1350元）、乳胶漆（758元）、石膏线（1125元），总造价：3583元

解析
造价与材料

❶ 材料与造价：乳胶漆（560元）、石膏板造型（1350元）、壁纸（365元）、烤漆玻璃（1120元）、总造价：3395元 ❷ 材料与造价：壁纸（1250元）、乳胶漆（358元）、石膏板造型（2658元）、石膏线（890元），总造价：5156元 ❸ 材料与造价：乳胶漆（358元）、石膏板造型（725元）、壁纸（750元）、木线（1125元），总造价：2958元 ❹ 材料与造价：壁纸（200元）、石膏线（1120元）、乳胶漆（1085元）、石膏板造型（950元），总造价：3355元

解析
造价与材料

❶ 材料与造价：乳胶漆（425 元）、石膏线（420 元）、石膏板造型（1058 元）、壁纸（625 元），总造价：2528 元 ❷ 材料与造价：乳胶漆（685 元）、石膏板造型（860 元）、壁纸（195 元）、石膏线（320 元），总造价：2060 元 ❸ 材料与造价：壁纸（1098 元）、乳胶漆（320 元）、石膏板造型（850 元），总造价：2268 元 ❹ 材料与造价：乳胶漆（625 元）、石膏板造型（1025 元）、石膏线（985 元）、壁纸（1350 元），总造价：3985 元

tips:

顶面中玻璃类材料的使用

玻璃类材料因其反光的特点可以起到扩大空间感的作用，特别是现代风格的客厅装饰中，为了进一步强化风格特点，顶面中越来越多地出现了玻璃的身影。

总体来讲，顶面适宜采用磨砂玻璃、图案玻璃、烤漆玻璃等，水银镜的使用需要慎重，特别是有老人与小孩的家庭，大面积的水银镜反射人影长时间会让人觉得厌烦、压抑，不利于身体健康，可作局部点缀。现代风格的客厅建议采用烤漆玻璃进行点缀，特别是带有图案或者车边拼花的款式，更能彰显时尚感，但深色不宜大面积使用。

解析 造价与材料

❶ 材料与造价：石膏板造型（2358元）、乳胶漆（780元）、水银镜（200元），总造价：3338元 ❷ 材料与造价：乳胶漆（758元）、石膏板造型（1120元）、乳胶漆（980元）、集成石膏造型（1500元）、水银镜（800元），总造价：5158元 ❸ 材料与造价：乳胶漆（68元）、石膏板造型（865元）、水银镜（750元）、石膏线（800元），总造价：3100元

❶ 材料与造价：乳胶漆（758元）、石膏板造型（958元）、石膏线造型（560元），总造价：2276元 ❷ 材料与造价：乳胶漆（615元）、石膏板造型（2450元）、实木造型（1100元），总造价：4165元 ❸ 材料与造价：烤漆玻璃（280元）、石膏板造型（420元）、乳胶漆（520元），总造价：1220元

❹ 材料与造价：乳胶漆（562元）、石膏板造型（1350元）、烤漆玻璃（350元），总造价：2262元 ❺ 材料与造价：烤漆玻璃（1150元）、石膏板造型（750元）、乳胶漆（1135元），总造价：3035元

解析 造价与材料

❶ 材料与造价：石膏板造型（845 元）、乳胶漆（620 元）、烤漆玻璃（590 元），总造价：2055 元 **❷** 材料与造价：乳胶漆（685 元）、石膏线造型（545 元）、水银镜（1350 元），总造价：2580 元 **❸** 材料与造价：烤漆玻璃（1200 元）、石膏板造型（1980 元）、金属线（1120 元）、乳胶漆（450 元），总造价：4750 元 **❹** 材料与造价：乳胶漆（654 元）、烤漆玻璃（1235 元）、石膏板造型（1350 元），总造价：3239 元 **❺** 材料与造价：烤漆玻璃（625 元）、石膏板造型（950 元）、乳胶漆（560 元），总造价：2135 元

解析
造价与材料

❶ 材料与造价：乳胶漆（320元）、石膏板造型（1125元）、烤漆玻璃（830元），总造价：2275元 ❷ 材料与造价：乳胶漆（562元）、烤漆玻璃（750元）、石膏板造型（1850元）、木线（820元），总造价：3982元 ❸ 材料与造价：乳胶漆（520元）、石膏板造型（980元）、水银镜（395元），总造价：1895元 ❹ 材料与造价：乳胶漆（545元）、烤漆玻璃（450元）、石膏板造型（720元），总造价：1715元 ❺ 材料与造价：烤漆玻璃（350元）、石膏板造型（2120元）、乳胶漆（425元），总造价：2895元

解析 造价与材料

❶ 材料与造价：乳胶漆（758 元）、石膏板造型（850 元）、烤漆玻璃（540 元）、石膏线（450 元），总造价：2598 元 ❷ 材料与造价：乳胶漆（820 元）、石膏板造型（2530 元）、水银镜（420 元），总造价：3770 元 ❸ 材料与造价：乳胶漆（625 元）、石膏板造型（950 元）、烤漆玻璃（1120 元），总造价：2695 元 ❹ 材料与造价：乳胶漆（758 元）、石膏板造型（2350 元）、水银镜（890 元），总造价：3998 元

解析 造价与材料

❶ 材料与造价：乳胶漆（658元）、石膏板造型（1950元）、水银镜（758元）、木线（1125元），总造价：4491元 ❷ 材料与造价：乳胶漆（1105元）、石膏板造型（2458元）、烤漆玻璃（860元）、集成石膏板（1080元），总造价：5503元 ❸ 材料与造价：烤漆玻璃（1380元）、乳胶漆（560元）、石膏板造型（1350元），总造价：3290元 ❹ 材料与造价：乳胶漆（820元）、石膏板造型（1125元）、烤漆玻璃（860元），总造价：2805元

tips:

关于整体下吊式的吊顶设计

近年来，出现了整体下吊式的吊顶，四边或者两边留灯槽，十分适合现代风格的客厅，非常大气、时尚。

此类吊顶需要房高在 2.7 米以上才能够设计，如果高度在 2.8 米左右，可以采用两种层次，如整体下吊后，电视墙部分叠加一部分下吊造型。其最大的特点是可以使用"满天星"方式的照明设计，即以筒灯为主光源，而取消吸顶灯或吊灯，非常具有浪漫、温馨的气氛。还可以作挖空处理，例如部分作圆形挖空处理，在其中一个中放置长链的水晶灯，其他喷涂彩色乳胶漆等等，比较适合年轻人。

解析 造价与材料

❶ 材料与造价：乳胶漆（758 元）、石膏板造型（2125 元），总造价：2883 元　❷ 材料与造价：乳胶漆（256 元）、石膏板造型（85 元）、夹板造型（1040 元）、饰面板（625 元），总造价：2777 元　❸ 材料与造价：乳胶漆（950 元）、石膏板造型（2350 元），总造价：3300 元

解析
造价与材料

❶ 材料与造价：乳胶漆（980 元）、石膏板造型（2680 元），总造价：3660 元 ❷ 材料与造价：乳胶漆（820 元）、石膏板造型（2658 元），总造价：3478 元 ❸ 材料与造价：乳胶漆（1058 元）、石膏板造型（2248 元），总造价：3306 元 ❹ 材料与造价：乳胶漆（1150 元）、石膏板造型（2980 元），总造价：4130 元 ❺ 材料与造价：乳胶漆（1320 元）、石膏板造型（2750 元），总造价：4070 元

解析 造价与材料

❶ 材料与造价：乳胶漆（958元）、石膏板造型（3120元），总造价：4078元　❷ 材料与造价：乳胶漆（925元）、石膏板造型（268?元），总造价：3610元　❸ 材料与造价：乳胶漆（845元）、石膏板造型（2458元），总造价：3303元　❹ 材料与造价：水银镜（3?元）、乳胶漆（750元）、石膏板造型（2752元），总造价：3852元　❺ 材料与造价：乳胶漆（685元）、石膏板造型（1982元），总造价：2667元

第二部分 地 面

客厅的地面作为室内的界面之一，不仅仅要满足功能性的需求，更应充分考虑室内设计的整体风格及其所运用的主要装饰材料，在颜色以及造型设计上应与整体产生和谐、舒适的视觉效果。

与顶面设计相同的是，大部分家庭的地面设计都不受重视，只是随意选择一种看好的地砖就完成了。其实，地面也是可以进行造型设计的，利用不同材料或不同款式的同种材料进行拼接，就是简单的造型方式，只要发挥一些巧思，不需要太多的资金，就能塑造出个性的地面造型，使平面立体化、强化客厅的装饰效果，更展现业主的品位。

解析 造价与材料

❶ 材料与造价：地砖 (3540 元)、地毯 (1500 元)，总造价：5040 元 ❷ 材料与造价：地砖 (3280 元)，地毯 (1125 元)，总造价：4405 元 ❸ 材料与造价：地砖 (4875 元)、地毯 (950 元)，总造价：5825 元

tips:

客厅地面选用地砖还是选用地板

很多人在进行客厅选材时都会在地砖和地板之间犹豫，建议可以从生活习惯方面入手进行选择。追求舒适而又有个性的家居生活是现在都是都市人的普遍生活态度，最好的未必是最适合自己的。总体来说地砖花色比较多，比较时尚，容易拼花，而地板倾向于舒适感，让人感觉亲切。

如果工作比较繁忙，无暇打理家居，瓷砖不失为好的地面选择。瓷砖易清洁收拾，用墩布就能轻易地抹去污垢。若家里有老人、小孩，或者自己喜欢赤脚的舒适感，且用于清洁的时间比较宽裕，那就选用地板。

解析 造价与材料

① 材料与造价：地砖（3120元）、地毯（1100元），总造价：4220元 ② 材料与造价：地砖（4125元）、地毯（1350元），总造价：5475元 ③ 材料与造价：地砖（3908元）、地毯（845元），总造价：4753元

解析
造价与材料

❶ 材料与造价：地砖（3258元）、地毯（1210元），总造价：4468元 ❷ 材料与造价：地砖（4950元）、地毯（1380元），总造价 6330元 ❸ 材料与造价：地砖（4120元）、地毯（650元），总造价：4770元 ❹ 材料与造价：地砖（2350元）、地毯（1050元），总造价：3400元 ❺ 材料与造价：地砖（5620元）、地毯（980元），总造价：6600元

解析
造价与材料

❶ 材料与造价：地砖（3185元）、地毯（780元），总造价：3965元　❷ 材料与造价：强化木地板（2890元）、地毯（980元），总造价：3870元　❸ 材料与造价：地砖（4658元）、地毯（1750元），总造价：6408元　❹ 材料与造价：地砖（2945元）、地毯（2168元），总造价：5113元　❺ 材料与造价：地砖（4360元）、地毯（1120元）、马赛克（940元），总造价：6420元

解析
造价与材料

❶ 材料与造价：地砖（4510元）、地毯（950元）、大理石（890元），总造价：6350元　❷ 材料与造价：地砖（3900元）、地毯（1258元），总造价：5158元　❸ 材料与造价：地砖（4580元）、地毯（895元），总造价：5475元　❹ 材料与造价：地砖（2950元），总造价：2950元　❺ 材料与造价：地砖（2150元），总造价：2150元

解析 造价与材料

1 材料与造价：地砖（4950元），总造价：4950元 **2** 材料与造价：地砖（3458元），地毯（1490元），总造价：4948元 **3** 材料与造价：地砖（5215元），地毯（985元），总造价：6200元 **4** 材料与造价：仿古砖（4250元），总造价：4250元

解析
造价与材料

❶ 材料与造价：地砖（3250元）、地毯（800元），总造价：4050元 ❷ 材料与造价：地砖（4358元）、地毯（2100元），总造价：6458元 ❸ 材料与造价：地砖（5120元）、地毯（1150元），总造价：6270元 ❹ 材料与造价：地砖（3658元）、地毯（1500元），总造价：5158元

tips:

地面拼花设计的作用

　　地面拼花受到越来越多人的喜爱，它在整个家居设计中的地位越来越重要。地面拼花可以在地面上制造造型和颜色上的变化，起到丰富整个家居空间层次的目的；其次可以通过花纹的变化起到视觉引导的作用；三是可以用来划分区域，不同区域采用不同材质拼接或者以"圈"的方式划分，可以使功能区一目了然；四是可以增加整个空间的韵律感。

　　地面拼花设计的材质选择丰富多样，可以用纹理天然的大理石拼花，还可用图案各异、镜面抛光的地砖拼花。在进行拼花设计时宜以易保洁、耐用、美观为原则。

解析 造价与材料

❶ 材料与造价：地砖拼花（5258 元）、地毯（1680 元），总造价：6938 元　❷ 材料与造价：地砖拼花（6250 元）、地毯（1150 元），总造价：7400 元　❸ 材料与造价：地砖拼花（7200 元），总造价：7200 元

解析
造价与材料

❶ 材料与造价：地砖拼花（4980元），总造价：4980元
❷ 材料与造价：地砖拼花（5950元）、地毯（2350元），
总造价：8300元 ❸ 材料与造价：地砖拼花（7580元）、
地毯（2150元），总造价：9730元 ❹ 材料与造价：仿古
地砖拼花（8254元），总造价：8254元 ❺ 材料与造价：
地砖拼花（6258元）、地毯（2980元），总造价：9238元

解析
造价与材料

❶ 材料与造价：地砖拼花（6850元），总造价：6850元 　❷ 材料与造价：地砖拼花（3860元）、地毯（1120元），总造价：4980元

❸ 材料与造价：地砖（6285元）、大理石（2358元）、地毯（1200元），总造价：9843元 　❹ 材料与造价：地砖（2150元）、大理石

（4280元），总造价：6430元 　❺ 材料与造价：地砖拼花（5950元）、地毯（1145元），总造价：7095元

解析 造价与材料

1 材料与造价：地砖拼花（4250元）、地毯（1650元），总造价：5900元　2 材料与造价：地砖拼花（4250元），总造价：4250元

3 材料与造价：地砖（3150元）、大理石（2450元）、地毯（1975元），总造价：7575元　4 材料与造价：地砖拼花（5150元）、地毯（1100元），总造价：6250元　5 材料与造价：地砖（5360元）、大理石（3450元），总造价：8810元

解析 造价与材料

❶ 材料与造价：地砖拼花（4980 元）、地毯（1258 元），总造价：6238 元 ❷ 材料与造价：地砖拼花（5485 元）、地毯（1650 元），总造价：7135 元 ❸ 材料与造价：地砖拼花（2950 元）、地毯（2280 元），总造价：5230 元 ❹ 材料与造价：地砖拼花（4687 元）、地毯（2360 元），总造价：7047 元

解析
造价与材料

1 材料与造价：地砖拼花（5650 元），总造价：5650 元 **2** 材料与造价：大理石拼花（9350 元）、地毯（2460 元），总造价：11810 元 **3** 材料与造价：地砖（7850元）、大理石（4320 元），总造价：12170元 **4** 材料与造价：地砖拼花（6258 元），总造价：6258 元

解析
造价与材料

❶ 材料与造价：大理石拼花（11200 元），总造价：11200 元　❷ 材料与造价：地砖（4250 元）、地毯（1080 元）、大理石（890 元）、总造价：6220 元　❸ 材料与造价：地砖（3950 元）、大理石拼花（2384 元），总造价：6334 元

解析
造价与材料

❶ 材料与造价：地砖拼花（6150元）、地毯（1320元），总造价：7470元　❷ 材料与造价：地砖（2980元）、大理石拼花（2480元）、地毯（1300元），总造价：6760元

❸ 材料与造价：地砖（5200元）、大理石拼花（3150元），总造价：8350元　❹ 材料与造价：地砖拼花（5560元）、地毯（2458元），总造价：8018元　❺ 材料与造价：地砖拼花（5850元）、地毯（1160元），总造价：7010元

解析
造价与材料

① 材料与造价：仿古砖（7210元）、地毯（1089元）、鹅卵石（950元），总造价：9249元 **②** 材料与造价：地砖（3450元）、地毯（1230元）、强化木地板（2980元），总造价：7660元 **③** 材料与造价：地砖拼花（7450元）、地毯（3120元），总造价：10570元 **④** 材料与造价：地砖拼花（3650元）、地毯（750元），总造价：4400元 **⑤** 材料与造价：地砖（4250元）、大理石（2809元）、地毯（1480元），总造价：8539元

解析 造价与材料

❶ 材料与造价：地砖拼花（3980 元）、地毯（1284 元），总造价：5264 元　❷ 材料与造价：大理石拼花（9650 元）、地毯（3250 元），总造价：12900 元　❸ 材料与造价：大理石拼花（8960 元），总造价：8960 元　❹ 材料与造价：地砖拼花（5150 元）、地毯（1164 元），总造价：6314 元　❺ 材料与造价：强化木地板（2456 元）、马赛克（950 元），总造价：3406 元

解析 造价与材料

1 材料与造价：地砖拼花（4180 元），总造价：4180 元 **2** 材料与造价：地砖拼花（6575 元）、地毯（3120 元），总造价：9695 元 **3** 材料与造价：地砖拼花（625〇元），总造价：6250 元 **4** 材料与造价：地砖拼花（5458 元）、地毯（2150 元），总造价：7608 元

解析 造价与材料

1 材料与造价：地砖拼花（8825元）、地毯（1680元），总造价：10505元 **2** 材料与造价：地砖拼花（7380元），总造价：7380元 **3** 材料与造价：地砖拼花（8450元）、地毯（1500元）、大理石（1980元），总造价：11930元 **4** 材料与造价：地砖拼花（7652元）、地毯（1320元），总造价：8972元

tips:

木地板施工工艺

　　木地板施工专业性很强，质量要求比较高，通常业主很容易忽略这一点。所有木地板材料运到现场需要拆包在室内存放七天以上，使木地板与室内温度、湿度相适应；木地板安装前要进行挑选，挑除有质量缺陷的板料，将花纹颜色一致的铺在一个房间，同一房间的板厚必须一致。

　　若是实木地板，则龙骨应用松木、杉木等不容易变形的树种，木龙骨、踢脚板背面要作防腐处理。装实心地板避免在大雨、阴雨天气施工，同一房间木地板最好一次铺完，并要及时做好保护。胶液应及时擦掉。油漆、上蜡应在室内施工完毕后进行。

解析 造价与材料

❶ 材料与造价：强化木地板（1780 元），总造价：1780 元 ❷ 材料与造价：强化木地板（3285 元）、地毯（1123 元），总造价：44C元 ❸ 材料与造价：强化木地板（4215 元）、地毯（1380 元），总造价：5595 元

解析 造价与材料

❶ 材料与造价：强化木地板（3360 元）、地毯（1430 元），总造价：4790 元 ❷ 材料与造价：强化木地板（4950 元），总造价：4950 元 ❸ 材料与造价：强化木地板（4285 元）、地毯（1350 元），总造价：5635 元 ❹ 材料与造价：强化木地板（4260 元）、地毯（1680 元），总造价：5940 元

❺ 材料与造价：强化木地板（5520 元）、地毯（2560 元），总造价：8080 元

解析 造价与材料

1 材料与造价：强化木地板（1950元）、地毯（860元），总造价：2810元 **2** 材料与造价：强化木地板（6250元）、地毯（1380元）、总造价：7630元 **3** 材料与造价：强化木地板（4275元）、地毯（1560元），总造价：5835元 **4** 材料与造价：强化木地板（3458元）、地毯（980元），总造价：4438元 **5** 材料与造价：强化木地板（3760元）、地毯（1185元），总造价：4945元

解析
造价与材料

❶ 材料与造价：强化木地板（3950元），地毯（1100元），总造价：5050元 ❷ 材料与造价：强化木地板（2025元）、地毯（1250元），总造价：3275元 ❸ 材料与造价：强化木地板（3750元）、地毯（1160元），总造价：4910元 ❹ 材料与造价：强化木地板（2980元）、地毯（1148元），总造价：4128元 ❺ 材料与造价：强化木地板（3685元）、地毯（1148元），总造价：4833元

解析 造价与材料

1 材料与造价：强化木地板（3658元）、地毯（1450元），总造价：5108元 **2** 材料与造价：强化木地板（4360元）、地毯（1640元），总造价：6000元 **3** 材料与造价：强化木地板（2840元）、地毯（950元），总造价：3790元 **4** 材料与造价：强化木地板（5150元）、地毯（1285元），总造价：6435元

解析 造价与材料

❶ 材料与造价：强化木地板（4360元），总造价：4360元 ❷ 材料与造价：强化木地板（6450元）、地毯（2175元），总造价：8625元 ❸ 材料与造价：强化木地板（3280元）、地毯（1130元），总造价：4410元 ❹ 材料与造价：强化木地板（3845元）、地毯（1450元），总造价：5295元

如何选择新品种的地板

市面上的地板总是不断地推出新的花样，选择时可以注意以下几点：

1. 重视新产品标准。新产品要有对应的标准，在选购强化木地板时，可以要求经营者出示对应的标准，并将在质检部门备案的标准号写入合同，以备出现争议时使用。

2. 根据不同面积、不同场所选用不同规格的地板。例如，强化木地板退出了以长边"v"形槽为特点的宽幅产品，这些产品多选择单拼设计，整体感强，风格更加独特，更适合用于大面积客厅铺设。

3. 重表面效果，更要重工艺。看似相同的表面效果，由于材料不同、工艺不同，使用效果和寿命会有很大的差别。

解析 造价与材料

❶ 材料与造价：强化木地板（5650 元）、地毯（2980 元），总造价 8630 元　❷ 材料与造价：强化木地板（4286 元），总造价 4286 元　❸ 材料与造价：强化木地板（3645 元）、地毯（1380 元），总造价 5025 元

解析
造价与材料

❶ 材料与造价：强化木地板（2845 元）、地毯（1175 元），总造价：4020 元 ❷ 材料与造价：强化木地板（3350 元）、地毯（1325 元），总造价：4675 元 ❸ 材料与造价：强化木地板（5670 元）、地毯（3100 元），总造价：8770 元 ❹ 材料与造价：强化木地板（3560 元）、地毯（1450 元），总造价：5010 元 ❺ 材料与造价：强化木地板（3785 元）、地毯（1380 元），总造价：5165 元

解析 造价与材料

❶ 材料与造价：强化木地板（2680元），总造价：2680元　**❷** 材料与造价：强化木地板（3256元），总造价：3256元　**❸** 材料与造价：强化木地板（4180元）、地毯（2150元），总造价：6330元　**❹** 材料与造价：强化木地板（1980元）、地毯（1250元），总造价：3230元　**❺** 材料与造价：强化木地板（4350元）、地毯（1378元），总造价：5728元

解析
造价与材料

❶ 材料与造价：强化木地板（3150 元）、地毯（1480 元），总造价：4630 元 ❷ 材料与造价：强化木地板（2680 元）、地毯（750 元），总造价：3430 元 ❸ 材料与造价：强化木地板（4210 元）、地毯（1950 元），总造价：6160 元 ❹ 材料与造价：强化木地板（3120 元）、地毯（2156 元），总造价：5276 元 ❺ 材料与造价：强化木地板（2150 元）、地毯（1320 元），总造价：3470 元

解析
造价与材料

❶ 材料与造价：强化木地板（4380 元），地毯（1450 元），总造价：5830 元 ❷ 材料与造价：强化木地板（4135 元），地毯（1620 元），总造价：5755 元 ❸ 材料与造价：强化木地板（6420 元），地毯（135 元），总造价：7770 元 ❹ 材料与造价：强化木地板（3120 元），总造价：3120 元

解析 造价与材料

❶ 材料与造价：强化木地板（4360元）、地毯（980元），总造价：5340元 ❷ 材料与造价：强化木地板（6350元）、地毯（1480元），总造价：7830元 ❸ 材料与造价：强化木地板（4860元）、地毯（1650元），总造价：6510元 ❹ 材料与造价：强化木地板（3860元）、地毯（1050元），总造价：4910元

tips：

木地板的日常清洁小妙招 1

　　木地板需要时常打理、保养，才能历久弥新，一些家里常用的物品就可以轻松用以清洁地板。

　　色拉油、牛奶与茶。擦地板时在水中加几滴色拉油可使地板非常光亮，或者用发酸的牛奶加少许醋可以去污而且能擦得光亮。油漆地板上的污垢可用浓茶汁擦去。地板上有润滑脂之类的油迹，可用煮沸的浓石碱水溶液清洗，然后在污迹上覆上用吸附白土和热水合成的面团，并保持一个晚上再清洗，如果有必要可重复进行。

　　精盐。地板上留有蛋迹，可在蛋迹处撒上一些精盐，过 10 ～ 15 分钟后扫，地板上的蛋迹就容易除去。

解析
造价与材料

1 材料与造价：强化木地板 (4250 元)，总造价：4250 元

2 材料与造价：地砖 (2480 元)、地毯 (1380 元)，总造价：3860 元

3 材料与造价：强化木地板 (3370 元)，总造价：3370 元

解析
造价与材料

❶ 材料与造价：强化木地板（5250 元）、地毯（1460 元），总造价：6710 元 ❷ 材料与造价：强化木地板（5850 元）、地毯（2320 元），总造价：8170 元 ❸ 材料与造价：强化木地板（3150 元）、地毯（1123 元），总造价：4273 元 ❹ 材料与造价：强化木地板（6450 元），总造价：6450 元 ❺ 材料与造价：地砖（3180 元）、地毯（950 元），总造价：4130 元

解析 造价与材料

1 材料与造价：强化木地板（3180 元）、地毯（1795 元），总造价：4975 元 2 材料与造价：强化木地板（4268 元），总造价：42
元 3 材料与造价：强化木地板（6158 元）、地毯（2150 元），总造价：8308 元 4 材料与造价：仿古地砖（5250 元），总造价
5250 元 5 材料与造价：地砖（3285 元）、地毯（1365 元），总造价：4650 元

❶ 材料与造价：强化木地板（4160元）、地毯（1158元），总造价：5318元 ❷ 材料与造价：强化木地板（5350元）、地毯（1140元），总造价：6490元 ❸ 材料与造价：强化木地板（4350元）、地毯（1960元），总造价：6310元 ❹ 材料与造价：强化木地板（3120元）、地毯（3920元），总造价：7040元 ❺ 材料与造价：强化木地板（3980元）、地毯（845元），总造价：4825元

解析
造价与材料

❶ 材料与造价：地砖（5125 元）、地毯（113□元），总造价：6255 元　❷ 材料与造价：强化木地板（4380 元）、地毯（1650 元），总造价：6030 元　❸ 材料与造价：仿古砖（6450 元）、地毯（1980 元），总造价：8430 元　❹ 材料与造价：强化木地板（5210 元）、地毯（1460 元），总造价：6670 元

解析 造价与材料

1 材料与造价：强化木地板（3580元）、地毯（1950元），总造价：5530元 **2** 材料与造价：强化木地板（4150元）、地毯（3280元），总造价：7430元 **3** 材料与造价：地砖（6450元）、地毯（2670元），总造价：9120元 **4** 材料与造价：地砖（1860元）、地毯（1120元），总造价：2980元

tips:

木地板的日常清洁小妙招 2

把平时剩下的蜡烛头切碎去掉烛芯，加入等量的松节油，置于装有冷水的锅中隔水煮沸使蜡烛融化，搅拌后倒入罐中冷却，擦地板时在抹布上擦一层即可清洁，为了更轻松省力，使用前可稍加热。

在大锅中放入软肥皂、漂白土、苏打各450克和2270毫升的水充分混合，将它们煮沸并熬至原来体积的一半，然后冷却并存入罐中备用。用硬刷沾此液刷净地板上的污迹，可以顺着地板纹路刷，然后用热水清洗并使之干燥。散落满地的玻璃碎片非常危险，如果成粉状，可用块湿肥皂按擦，玻璃屑就会粘在肥皂块上，随时将它刮下再按，直到清除完毕为止。

解析 造价与材料

❶ 材料与造价：地砖（2958元）、地毯（1540元），总造价：4498元 ❷ 材料与造价：强化木地板（4120元）、地毯（2150元），总造价：6270元 ❸ 材料与造价：强化木地板（2980元）、地毯（1560元），总造价：4540元

 解析 造价与材料

❶ 材料与造价：地砖（3350元）、地毯（2150元），总造价：5500元 ❷ 材料与造价：强化地板（4120元）、地毯（1060元），总造价：5180元 ❸ 材料与造价：地砖（4568元）、地毯（1360元），总造价：5928元 ❹ 材料与造价：强化木地板（2758元）、地毯（1123元），总造价：3881元 ❺ 材料与造价：地砖（3850元）、地毯（1220元），总造价：5070元

解析
造价与材料

❶ 材料与造价: 地砖 (3560 元)、地毯 (2580 元), 总造价: 6140 元 ❷ 材料与造价: 地砖 (3285 元), 总造价: 3285 元 ❸ 材料与造价: 强化木地板 (5580 元)、地毯 (1350 元), 总造价: 6930 元 ❹ 材料与造价: 强化木地板 (4125 元), 总造价: 4125 元 ❺ 材料与造价: 强化木地板 (3358 元)、地毯 (1350 元), 总造价: 4708 元

解析
造价与材料

❶ 材料与造价：地砖（3258元）、地毯（1350元），总造价：4608元 ❷ 材料与造价：地砖（3580元）、地毯（1654元），总造价：5234元 ❸ 材料与造价：强化木地板（3310元）、地毯（1358元），总造价：4668元 ❹ 材料与造价：地砖（3950元）、地毯（1360元），总造价：5310元 ❺ 材料与造价：强化木地板（3690元）、地毯（1420元），总造价：5110元

解析
造价与材料

❶ 材料与造价：地砖（2350 元）、大理石拼花（2830 元）、地毯（1750 元），总造价：6930 元 ❷ 材料与造价：地砖（3980 元）、地毯（3120 元），总造价 7100 元 ❸ 材料与造价：地砖（4250 元）、地毯（1260 元），总造价 5510 元 ❹ 材料与造价：地砖（285 元）、地毯（1380 元），总造价 4230 元

解析
造价与材料

① 材料与造价：仿古砖（6250元）、地毯（2630元），总造价：8880元 ② 材料与造价：强化木地板（2658元）、地毯（1320元），总造价：3978元 ③ 材料与造价：地毯（1532元）、地砖（5325元）、马赛克（980元），总造价：7837元 ④ 材料与造价：仿古砖（6250元）、地毯（1480元），总造价：7730元

常见地砖有:玻化砖、抛光砖、亚光砖、釉面砖、印花砖、防滑砖、特种防酸地砖。

在购买地砖时,质量的检验是十分重要的,怎样买到和价位相符的砖是关键。可以通过一些简单的方式进行检验,比起传统方式,这些方式不需要复杂的工具即可完成。

首先要查看地砖的坯体颜色是否纯正。这一点主要要从地砖的背面颜色入手。坯体纯正的砖背面颜色是均匀、一致的,质量较好的地砖,坯体颜色统一、匀称。

解析
造价与材料

① 材料与造价:地砖(6950元)、地毯(1120元),总造价:8070元   ② 材料与造价:地砖(2258元)、大理石拼花(1985元),总造价:4243元   ③ 材料与造价:地砖拼花(6580元)、地毯(2645元),总造价:9225元

解析 造价与材料

1 材料与造价：地砖（5680 元）、地毯（1680 元）、马赛克（880 元），总造价：8240 元 **2** 材料与造价：地砖（2850 元），总造价：2850 元 **3** 材料与造价：地砖（3158元）、地毯（950 元），总造价：4108 元 **4** 材料与造价：地砖（2350 元）、地毯（1980 元），总造价：4330 元 **5** 材料与造价：地砖（5058 元）、地毯（2168 元），总造价：7226 元

解析
造价与材料

❶ 材料与造价: 地砖 (3260 元), 总造价: 3260 元 ❷ 材料与造价: 地砖 (4250 元)、地毯 (845 元), 总造价: 5095 元 ❸ 材料与造价: 地砖 (4132 元)、地毯 (1580 元), 总造价: 5712 元 ❹ 材料与造价: 地砖 (3058 元)、地毯 (1184 元), 总造价: 4242 元 ❺ 材料与造价: 地砖 (5024 元)、地毯 (1468 元), 总造价: 6492 元

解析
造价与材料

❶ 材料与造价：地砖（3685元）、地毯（1120元），总造价：4805元 ❷ 材料与造价：地砖（4120元）、地毯（1986元），总造价：6106元 ❸ 材料与造价：地砖（4560元）、地毯（1158元），总造价：5718元 ❹ 材料与造价：地砖（4586元）、地毯（3260元），总造价：7846元 ❺ 材料与造价：地砖（4758元）、地毯（1956元），总造价：6714元

解析 造价与材料

① 材料与造价：地砖拼花（5980 元）、地毯（2654 元），总造价：8634 元　**②** 材料与造价：地砖（6258 元）、地毯（2654 元），总造价：8912 元　**③** 材料与造价：地砖（7258 元）、地毯（2306 元），总造价：9564 元　**④** 材料与造价：地砖（3985 元）、地毯（1056 元），总造价：5041 元

解析 造价与材料

1 材料与造价：地砖拼花（3685元），总造价：3685元 2 材料与造价：地砖（6358元）、地毯（2650元），总造价：9008元 3 材料与造价：地砖（4520元）、地毯（1650元），总造价：6170元 4 材料与造价：地砖拼花（6540元），总造价：6540元

tips:

客厅常用地砖的种类及质检方法 2

要注意地砖釉层的厚度。地砖釉面就是所说的地砖的整面，而釉层厚度就是釉面横切面的厚度。釉料是地砖造价中最贵的材料，釉层越厚，自然品质越好。轻敲地砖，注意听声音是否清脆，如声音清亮、悦耳为上品，如声音沉闷，为次品。

试水。可以在地砖背面倒上一些水，注意观察地砖吸水的快慢。几分钟之后，再看正面水留下的印子是否明显。水散开后浸润得慢的地砖密度大，而且水留印子不明显，视为上品。取两块砖背对背和面对面看是否能严密接触，若缝隙过大则可判断有翘曲。

解析
造价与材料

❶ 材料与造价：地砖（3980 元）、地毯（1350 元），总造价 5330 元　❷ 材料与造价：地砖（4125 元）、地毯（1520 元），总造价 5645 元　❸ 材料与造价：地砖（4205 元）、地毯（1450 元），总造价 5655 元

解析 造价与材料

1 材料与造价：地砖（4215元）、地毯（2650元），总造价：6865元 **2** 材料与造价：地砖（3958元）、地毯（1095元），总造价：5053元 **3** 材料与造价：地砖（2985元）、地毯（1130元），总造价：4115元 **4** 材料与造价：地砖（6235元）、地毯（1506元），总造价：7741元 **5** 材料与造价：地砖拼花（5254元）、地毯（1685元），总造价：6939元

解析 造价与材料

❶ 材料与造价：地砖（6235元）、地毯（2100元），总造价：8335元 ❷ 材料与造价：地砖拼花（5256元）、地毯（1658元），总造价 6914元 ❸ 材料与造价：地砖（4685元）、地毯（1136元），总造价：5821元 ❹ 材料与造价：地砖（5560元）、地毯（1364元），总造价：6924元 ❺ 材料与造价：地砖（4215元）、地毯（1320元），总造价：5535元

解析 造价与材料

❶ 材料与造价：地砖（4250 元）、地毯（2360 元），总造价：6610 元　❷ 材料与造价：地砖（5126 元）、地毯（950 元），总造价：6076 元　❸ 材料与造价：地砖（4850 元）、地毯（2130 元），总造价：6980 元　❹ 材料与造价：地砖（3685 元），总造价：3685 元　❺ 材料与造价：地砖（3658 元）、地毯（1460 元），总造价：5118 元

解析 造价与材料

● 材料与造价：地砖（3260元）、地毯（1846元），总造价：5106元 ●● 材料与造价：强化木地板（3125元），总造价：3125元

● 材料与造价：地砖（4158元）、地毯（1135元），总造价：5293元 ● 材料与造价：地砖（4685元）、地毯（2865元），总造价：7550元

解析
造价与材料

① 材料与造价：地砖（4058元），地毯（1675元），总造价：5733元

② 材料与造价：地砖拼花（3685元），地毯（1360元），总造价：5045元

③ 材料与造价：地砖（4452元），地毯（1358元），总造价：5810元

④ 材料与造价：地砖（6325元），地毯（1658元），总造价：7983元

tips:

怎样监理地砖的铺贴

如果请包工，监理就成了保证地砖铺设质量的关键。地砖的铺设温度最好高于10℃，铺设前将地砖正面朝下，在现场放置24小时以上，使地砖温度与室温相同。铺设过程中应保持室温恒定。

铺设前，首先在地面上划出十字形的基准线。测量地面尺寸，地面中央划出纵向或横向线一条，再通过此线的中央做垂线。若地砖斜铺，十字线要划成与原基准线成45°角。为获得最佳效果，边缘处地砖至少应为地砖的一半，如小于一半时，可将十字线平移1/2地板砖宽度。地砖的铺设要从地面中心向四周扩展。

解析
造价与材料

① 材料与造价：地砖（2865元）、地毯（3280元），总造价：6145元 ② 材料与造价：强化地板（4165元）、地毯（980元），总造价：5145元 ③ 材料与造价：地砖（2652元）、地毯（1658元），总造价：4310元

解析 造价与材料

❶ 材料与造价：地砖（4625元）、地毯（1895元），总造价：6520元 ❷ 材料与造价：地砖（4250元）、地毯（2100元），总造价：6350元 ❸ 材料与造价：强化木地板（2985元）、地毯（1105元），总造价：4090元 ❹ 材料与造价：地砖（2950元）、地毯（2065元），总造价：5015元 ❺ 地砖（4125元）、地毯（1236元），总造价：5361元

解析
造价与材料

❶ 材料与造价：地砖（3325 元）、地毯（2350 元），总造价：5675 元 ❷ 材料与造价：地砖（2658 元）、地毯（1684 元），总造价：4342 元 ❸ 材料与造价：地砖（3465 元）、地毯（1260 元），总造价：4725 元 ❹ 材料与造价：地砖拼花（3258 元）、地毯（1326 元）总造价：4584 元 ❺ 材料与造价：地砖（4152 元）、地毯（1645 元），总造价：5797 元

解析
造价与材料

❶ 材料与造价：地砖（3956 元）、地毯（1425 元），总造价：5381 元 ❷ 材料与造价：地砖（3745 元）、地毯（1648 元），总造价：5393 元 ❸ 材料与造价：地砖（6452 元）、地毯（2450 元），总造价：8902 元 ❹ 材料与造价：地砖（3125 元）、地毯（1130 元），总造价：4255 元 ❺ 材料与造价：地砖（3640 元）、地毯（1330 元），总造价：4970 元

解析 造价与材料

❶ 材料与造价：地砖（6325元）、地毯（136元），总造价：7690元 ❷ 材料与造价：地砖（3250元）、地毯（1485元），总造价：4735元 ❸ 材料与造价：地砖（4265元）地毯（4432元），总造价：8697元 ❹ 材料与造价：地砖（5123元）、地毯（165元），总造价：6775元

① 材料与造价：地砖（6325元），地毯（1532元），总造价：7857元 ② 材料与造价：地砖拼花（8250元），总造价：8250元 ③ 材料与造价：强化木地板（2985元）、地毯（948元），总造价：3933元 ④ 材料与造价：强化木地板（3210元）、地毯（1986元），总造价：5196元

tips:

综合挑选客厅地毯 1

比起以前大面积的铺贴方式，现在客厅中用到的地毯大部分都是块状的，易清洁，好搭配，并可随时更换。

块毯更多起到的是装饰作用，在选择款式时，首先宜兼顾到空间的整体色彩，最简单的方式是将挑选室内几种主要颜色作为地毯的配色元素，这样不容易出错。

确定了色彩后再来挑选图案和花纹，这两个方面决定了地毯的风格，宜结合整体风格进行搭配。准确的方式是选择协调的风格，也可选择不同的风格，塑造极具个性的居室风格。

解析 造价与材料

❶ 材料与造价：地砖（5265元）、地毯（1580元），总造价：6845元 ❷ 材料与造价：地砖（4950元）、地毯（2130元），总造价：7080元 ❸ 材料与造价：地砖（5120元）、地毯（3580元），总造价：8700元

解析
造价与材料

❶ 材料与造价: 仿古砖 (5362元)、地毯 (1500元)，总造价:
6862元 ❷ 材料与造价: 地砖 (3180元)、地毯 (1262元)，
总造价: 4442元 ❸ 材料与造价: 地砖 (4520元)、地毯
(1360元)，总造价: 5880元 ❹ 材料与造价: 地砖 (3640
元)、地毯 (1438元)，总造价: 5078元 ❺ 材料与造价:
地砖 (4056元)、地毯 (1345元)，总造价: 5401元

解析
造价与材料

❶ 材料与造价：地砖（3856元）、地毯（1365元），总造价：5221元 ❷ 材料与造价：地砖（4625元）、地毯（898元），总造价：5523元 ❸ 材料与造价：地砖（7582元）、地毯（1856元），总造价：9438元 ❹ 材料与造价：地砖（6235元）、地毯（1154元），总造价：7389元 ❺ 材料与造价：地砖（2658元）、地毯（998元），总造价：3656元

解析
造价与材料

❶ 材料与造价：地砖（5420元）、地毯（1980元），总造价：7400元 ❷ 材料与造价：石地砖（6325元）、地毯（1365元），总造价：7690元 ❸ 材料与造价：地砖（4560元）、地毯（1285元），总造价：5845元 ❹ 材料与造价：地砖（3250元）、地毯（1135元），总造价：4385元 ❺ 材料与造价：地砖（3689元）、地毯（1123元），总造价：4812元

解析 造价与材料

❶ 材料与造价：地毯（5645元），总造价：5645元 ❷ 材料与造价：地砖（628□元）、地毯（3200元），总造价：9485元

❸ 材料与造价：地砖（7520元），地毯（196□元），总造价：9485元 ❹ 材料与造价：地砖（4860元）、地毯（1234元），总造价：6094元

解析
造价与材料

❶ 材料与造价：地砖（3105 元）、地毯（998 元），总造价：4103 元 ❷ 材料与造价：地砖（2150 元）、地毯（3280元），总造价：5430 元 ❸ 材料与造价：强化木地板（2985 元）、地毯（865元），总造价：3850 元 ❹ 材料与造价：地砖（3975 元）、地毯（1056 元），总造价：5031 元

家居客厅造价与材料注释系列

Creative home furnishing

tips:

综合挑选客厅地毯 2

　　素色地毯，适合现代风格居室；乱花地毯，多以大花为装饰主题，并配以藤蔓卷草纹，适合宽敞且布置较复杂的客厅；阵列式地毯，以几何图案为主，并以几何阵列布局，比较适合较为时尚的家居环境，与古典居室的搭配成为新的潮流。

　　如果大面积地铺地毯，在选择地毯的质地时，要将家里的情况考虑进去。如果家里有人使用轮椅，宜选择不怕压、易清洗、用合成纤维编织的地毯。如果家中人口较多，宜选择绒头质量高、密度较大而且耐磨损的簇绒圈绒地毯。有儿童的家庭，宜选择耐腐蚀、耐污染、易清洗、颜色偏深的合成纤维地毯。

解析 造价与材料

① 材料与造价：强化木地板（4150元）、地毯（1965元），总造价：6115元　② 材料与造价：地砖（4365元）、地毯（1985元），造价：6350元　③ 材料与造价：地砖（7520元）、地毯（1320元），总造价：8840元

解析
造价与材料

❶ 材料与造价：地砖（6985元）、地毯（2065元），总造价：9050元　❷ 材料与造价：地砖（1950元）、强化地板（1236元），总造价：3186元　❸ 材料与造价：地砖（3658元）、地毯（2650元），总造价：6308元　❹ 材料与造价：地砖（5250元）、地毯（2980元），总造价：8230元 ❺ 地砖（3260元）、地毯（1236元），总造价：4496元

解析
造价与材料

❶ 材料与造价：地砖（2812元）、地毯（2340元），总造价：5152元 ❷ 材料与造价：地砖（3280元）、地毯（1545元），总造价 4825元 ❸ 材料与造价：强化木地板（3658元）、地毯（2235元），总造价：5893元 ❹ 材料与造价：地砖（4120元）、地毯（19 元），总造价：6055元 ❺ 材料与造价：地砖（2980元）、地毯（1354元），总造价：4334元